RÉFUTATION

DES MÉMOIRES DE M. BIOT,

SUR

LES ZODIAQUES ÉGYPTIENS.

ÉPERNAY, IMPRIMERIE DE WARIN-THIERRY ET FILS.

RÉFUTATION

DES ANCIENS ET DES NOUVEAUX MÉMOIRES

DE M. BIOT,

SUR LES ZODIAQUES ÉGYPTIENS,

ET

SUR L'ASTRONOMIE COMPARÉE DE L'ÉGYPTE, DE LA CHALDÉE ET DE L'ASIE ORIENTALE,

Par M. DE PARAVEY,

Ancien Sous-Inspecteur de l'école royale Polytechnique et Membre du corps royal du génie des Ponts et Chaussées, de la Société du musée de Prague, l'un des fondateurs de la Société royale Asiatique de France, Chevalier de l'ordre royal de la légion d'honneur, etc., etc.

PARIS,

BACHELIER, LIBRAIRE, QUAI DES AUGUSTINS, N° 55.

TREUTTEL ET WURTZ, RUE DE LILLE, N° 17.

1835.

AVERTISSEMENT.

Nous avions composé ce premier Mémoire pour une commission académique, nommée le 16 juillet 1834, formée de MM. Poinsot, Arago et Girard, commission qui devait prononcer entre nous et M. Biot; et déjà ce Mémoire, lu et approuvé par M. Poinsot, avait été remis à M. Girard, quand nous avons appris l'élection de M. Biot comme président de l'Académie, élection déterminée par M. Arago. Dès-lors nous nous sommes déterminé à imprimer ce travail; et ayant besoin, à cet effet, de revoir le volume de l'Encyclopédie japonaise que nous y citons, et qu'avait M. Biot fils, nous avons été fort surpris d'y trouver des notes à la main, où était traduit l'article de la constellation 房 *Fang* que nous expliquions dans ce manuscrit (VOIR P. 32), et dont les noms seuls renversent tout l'échafaudage élevé si péniblement par M. Biot et ses amis. Nous aurions donc pu en conclure que notre manuscrit aurait été prêté à M. Biot et à ceux qui l'aident dans ses travaux; mais, au contraire, ayant communiqué à l'Académie, des notes sur les *Satellites de Jupiter*, tirées par nous du *San-tsay-tou* ou *Encyclopédie japonaise*, depuis plus de dix ans (1), un membre, dont le nom était inconnu alors, n'a pas craint de venir dire que nous n'avions eu ces notes que par lui. Nous lui répondîmes en un seul mot, en citant la page XXXVI de notre APERÇU SUR LES ZODIAQUES, publié en 1821, endroit où nous annoncions que dès-lors, nous avions traduit tous les passages essentiels de la partie astronomique de cette précieuse Encyclopédie.

Ce fut ensuite que l'on vit ce même membre venir élever de futiles objections contre les faits nouveaux que nous soumettions à l'Académie en ce moment, et que M. Biot, son ami, *par un abus d'autorité contre lequel nous avons protesté hautement* et avant d'abdiquer sa courte et mémorable présidence, se permit, dans la séance du 23 mars dernier, d'empêcher la lecture de nos réponses péremptoires à l'égard de ces diverses objections.

(1) Ces notes sur les Satellites de Jupiter, l'Anneau de Saturne, et les Lunettes ou Télescopes connus des anciens, forment l'objet d'un Mémoire, que nous publions aussi en ce moment, et qui fera suite à nos Mémoires astronomiques.

SOMMAIRE ET PLAN.

Nous diviserons ce Mémoire, qui fait suite à nos travaux antérieurs sur les *Zodiaques*, en deux parties, et la première partie formera trois sections.

Dans la première section, nous continuerons rapidement l'historique des écrits relatifs à cette vaste question, depuis que les quatre lectures que nous fîmes dans l'été de 1820 à l'académie des Sciences et à l'académie des Inscriptions, eurent provoqué la translation à Paris, et l'achat par S. M. Louis XVIII, du Planisphère de Denderah.

Dans la seconde section, nous analyserons les recherches que M. Biot publia en 1823, sur ce monument, dont la vue nous fut long-temps interdite, et nous montrerons les emprunts essentiels qu'il voulut bien nous faire, ainsi qu'il en avait déjà agi à l'égard du savant M. Poinsot, du célèbre Malus, un de nos examinateurs, et de l'illustre Fresnel, notre condisciple.

Dans la troisième section, nous montrerons que le travail récent de M. Biot, tel qu'il nous est connu par le Journal de l'Institut, auquel il a communiqué les conclusions de ses nouvelles recherches, est en formelle contradiction avec les résultats du livre imprimé par lui en 1823.

Enfin, dans la seconde partie, publiée à part de celle-ci, abandonnant un auteur habile à travailler sur les découvertes des autres, et qui prend le soin de se contredire lui-même, nous montrerons, par des preuves directes, nouvelles et nom-

breuses, que l'antique astronomie hiéroglyphique était la même pour tous les anciens peuples de l'Asie, et spécialement pour les Égyptiens, les Chaldéens et les Chinois : conclusions diamétralement opposées à celles de M. Biot (1).

(1) Consulter ici, pour l'intelligence de ce Mémoire, le *Rapport de M. Delambre sur nos travaux*, fait en 1821, inséré en entier par M. Malte-brun, dans le tome VIII des *Nouvelles Annales des Voyages*, et publié par nous-même, avec l'aperçu de nos recherches, même année 1821 ; nos *Nouvelles considérations sur le Planisphère de Denderah*, Paris, 1822 ; et les *Recherches de M. Biot sur l'astronomie égyptienne*, Paris, Didot, 1823.

Les *Annales de philosophie chrétienne* ont aussi reproduit, en partie, du moins, le *Rapport de M. Delambre*, dans leur N° 19, tome IV, f° 59, [illegible]

PREMIÈRE PARTIE.

PREMIÈRE SECTION.

Historique rapide des travaux relatifs au Planisphère de Dendorah, et de sa translation à Paris.

Ce fut en juillet et août 1820, que nous lûmes à l'académie des Sciences, nos premiers mémoires sur les Zodiaques rapportés d'Égypte. Long-temps, à l'école Polytechnique et ailleurs, nous avions eu des discussions à soutenir sur ces monumens; nous nous étions proposé dès-lors de les examiner aussitôt que nous en aurions le loisir; et ce fut dans la vue de le faire d'une manière complète et générale, que l'on nous vit, de 1816 à 1820, suivre les cours savans de M. Remusat et de M. Arago, au collége de France et à l'Observatoire.

Nous étions, par une injustice remarquable, et qui tenait à nos anciennes luttes avec M. le comte Molé, encore aspirant des ponts et chaussées, quand nous lûmes ces Mémoires, et quand, en 1821, nous en fîmes imprimer l'aperçu. Nous l'avons été dix ans entiers (chose qui ne s'est vue que pour nous), malgré l'importance de nos recherches et l'éclat que leur avait donné la discussion qu'elles ouvrirent entre MM. Cuvier et Arago; nous ne reçûmes aucune marque de faveur, et cependant nous avions, le premier, entretenu Louis XVIII de ces monumens importans. Il avait lu en entier l'*aperçu* que nous avions publié en 1821; sur sa table même nous en avions déroulé tous les dessins, et nous avions reçu de sa part, huit jours après, *par la bouche de l'un des princes*, l'assurance de l'intérêt qu'il avait trouvé à nous lire.

Nous connaissions les moyens d'intrigue, mais il était au-dessous de nous de les employer. Nous avions, depuis notre entrée à l'école Polytechnique, des amis puissans alors : c'étaient M. le vicomte, depuis duc Mathieu de Montmorency, M. le comte Alexis de Noailles, M. le marquis Théodore de Nicolaï, qui tous avaient, comme externes, suivi des cours à l'école Polytechnique, lorsque nous y étions élève ; mais nous ne les visitions que par l'estime que nous faisions de leurs vertus, et nous le prouvons facilement, puisque le grade qui nous était dû ne nous était pas donné, et qu'aucune faveur, nous le répétons, ne nous fut accordée; tandis que d'autres, qui s'emparèrent de nos travaux, qui les mutilèrent ou les déguisèrent, surent parfaitement obtenir ce que nous ne songions même pas à demander.

Parmi ces derniers, nous citerons M. de Saint-Martin et M. Halma, parce qu'ils sont morts, et que leur vie appartient à l'histoire. M. Halma alla même jusqu'à prendre une partie du titre de la brochure que nous avions publiée en 1822, et que nous venons de présenter de nouveau à l'académie des Sciences. On était convenu en même temps de ne pas nous nommer, et nous avons poussé la mansuétude jusqu'au point de ne pas réclamer contre ces omissions et ces emprunts, fort que nous étions de nos droits et de la loyauté de nos intentions.

Nous avons dit que nos Mémoires furent lus en *juillet et août* 1820 ; ils firent quelque sensation dans le sein de l'académie des Sciences, et furent, sans aucun doute, une des causes principales qui poussèrent M. Saulnier à envoyer M. Le Lorrain en Égypte, au commencement d'octobre 1820, c'est-à-dire, trois mois après la lecture de nos Mémoires, temps suffisant pour la confection des scies et autres instrumens destinés à détacher le Planisphère.

Vers le 1er décembre 1821, un opuscule sur ce monument, publié à la fois à Marseille et à Paris, nous annonce son arrivée en France, qui eut lieu le 9 septembre 1821 ; et ce fut dans les premiers jours de janvier 1822, qu'il fut enfin rendu à Paris. Je puise ces faits dans la brochure publiée par M. Saulnier, vers avril ou mai 1822, et avant l'achat de ce monument, achat qui fut négocié peu après par M. Biot.

Cet académicien, non plus que M. Letronne ni M. de Saint-Martin, n'était pas entré jusqu'alors dans cette discussion des Zodiaques, soulevée par nos Mémoires, et n'avait pas même été choisi par le ministre, pour faire partie de la commission mixte tirée des académies, qui devait régler le prix d'acquisition du Planisphère.

Le ministre avait désigné MM. Cuvier, Fourier, Walkenaër; mais M. Biot, à qui nous avions remis notre aperçu dès 1821, comme à beaucoup d'autres académiciens, et notamment à M. de Saint-Martin, s'était procuré la vue du Planisphère, enfin amené à Paris, et avait fait de très-vifs reproches à M. Tourneux, ingénieur en chef, mon ami et son beau-frère, *pour m'avoir simplement dit que lui, M. Biot, s'occupait d'un Mémoire sur ce monument.* Il savait avec quel intérêt S. M. Louis XVIII m'avait écouté et lu en 1821; il sollicita à son tour une audience particulière du Roi, et d'après ce que m'avait dit auparavant ce monarque éclairé, j'ai la certitude qu'il ne lui fut nullement difficile d'obtenir qu'il accordât 75,000 francs de sa cassette, pour compléter le prix de cet antique débris de l'astronomie égyptienne, dont l'achat fait par le ministre de l'intérieur, coûta en totalité 150,000 francs.

Avec des procédés plus convenables, j'aurais dû peut-être entrer dans ces négociations; comme M. Biot, j'aurais pu demander et obtenir une audience, et rappeler au Roi que, le premier, je l'avais entretenu de ce monument; mais je l'ai déjà dit, l'intrigue n'entre nullement dans mon caractère; je désirais seulement, et sans doute la chose était bien naturelle, voir enfin et mesurer les projections de ce curieux Planisphère, objet de mes travaux depuis 1816.

Je fis demander par diverses personnes la permission de le visiter et d'en examiner la projection, *et cette permission me fut constamment refusée*, et elle le fut même pour moi à M. Laîné, l'ancien ministre, et à M. Néel de Bréauté, dont le nom est connu en astronomie; tous deux avaient désiré que je le visitasse avec eux; et, je le répète, à cette époque M. Biot le voyait tous les jours, et il avait fait à son beau-frère les reproches les plus vifs pour m'avoir seulement averti qu'il préparait un Mémoire sur ce monument.

Je laisse déduire la conclusion de tous ces faits, soit quant à M. Saulnier, soit quant à M. Biot. J'arrive enfin au moment où M. Biot lut son Mémoire à l'académie des Sciences, ce qui occupa deux séances auxquelles je vins assister.

Je l'avouerai, les emprunts que M. Biot m'avaient faits, étaient si bien déguisés, que dès les premières pages de ce Mémoire, je crus qu'il s'était ouvert une voie nouvelle, et que, par le calcul direct de triangles sphériques, il avait résolu mathématiquement le problème que j'avais, long-temps auparavant, entrepris de résoudre moi-même; mais quand je le vis supposer que le *cœur du Scorpion* tombait fort loin en dehors du corps de ce Scorpion tracé sur le Planisphère, que l'étoile *Fom-al-haut* était très-loin du poisson austral, et conclure enfin de tous ses calculs, par de prétendus triangles établis ainsi *A PRIORI, que la ligne vraie nord et sud, tracée sur le plafond, y déterminait les solstices d'été et d'hiver*, ce qui était précisément l'idée lumineuse qui m'avait frappé en 1820, et avait motivé la lecture de mes Mémoires, il me fut évident que les triangles sphériques de M. Biot avaient été calculés *à posteriori*, et nullement à *priori*, et qu'il avait ainsi voulu déguiser les emprunts qu'il me faisait; et quant à la projection par développement d'arcs sur un plan tangent au pôle, il était évident également que M. Biot l'avait puisée dans le rapport de M. Delambre, publié sur mes Mémoires, et que c'était encore un emprunt qu'il déguisait.

Ce fut alors que je publiai mes *Nouvelles considérations sur le Planisphère de Denderah* (Paris, 1822). J'avais pu enfin voir et mesurer ce curieux monument, déposé au Louvre, et qui jusqu'alors n'avait été défendu qu'à moi seul, à moi, je le répète, cause principale cependant de son arrivée en France ! Mes idées restèrent les mêmes à son égard; et, certain alors de l'exactitude des dessins nouveaux qui en furent faits par

M. Gau, j'y traçai mes constructions, comme on le voit sur le dessin que j'en remis à cette époque, avec mon opuscule, à M. le baron Cuvier, et j'y établis que ce monument n'offrait autre chose qu'un *dessin égyptien* de la sphère décrite par Aratus, et figurée à la manière des Grecs sur le *globe Farnèse* conservé à Rome, globe infiniment précieux, où les colures sont tracés par des filets de marbre et nullement douteux de position. Je citais le temple de Palmyre orienté, offrant une division analogue du zodiaque, et j'eusse pu citer aussi-bien la cathédrale de Chartres, où l'on a tracé, au moyen-âge, un ancien zodiaque, également divisé de manière que le colure du solstice d'été y tombe entre les Gémeaux et le Cancer, bien qu'alors depuis long-temps, il ne fût plus dans ce lieu.

Ainsi ces divers Planisphères et Zodiaques n'offraient par eux-mêmes aucune date précise; ils pouvaient être du temps des Grecs comme aussi du temps des Romains; ils offraient simplement des projections ou des esquisses plus ou moins fidèles de la Sphère décrite dans les vers d'Aratus. La précession des équinoxes se découvrait à peine par Hipparque; on n'avait donc nulle raison de changer cette Sphère d'Aratus, dont les navigateurs emportaient des globes grossiers qui leur servaient à s'orienter en mer, et que faisait un certain Léonce, mécanicien; aussi la voit-on tracée également, et à Denderah, et sur le globe Farnèse, et à Palmyre, et sur la cathédrale de Chartres, avons-nous dit. (*Voir* L'ATLAS JOINT A CE MÉMOIRE.)

Je remis mon nouvel opuscule à beaucoup d'académiciens; j'y réclamais, en termes *fort modérés, mais positifs*, contre les emprunts de M. Biot, et je ne sache pas que jamais il ait répondu à ces réclamations, si ce n'est par une note très-faible, page 279 de ses *Recherches*, et sans m'y nommer aucunement.

Dès 1821, outre mon *Aperçu*, avaient paru les *Recherches* de M. Latreille *sur les Zodiaques égyptiens*, et quelques autres écrits dont les noms et les titres m'échappent en ce moment; mais en 1822, quand le Zodiaque de Denderah fut arrivé à Paris, ce fut un flux de livres et de brochures sur ce monument : car plus une question est obscure et compliquée, plus les ignorans se flattent de l'entendre, et d'ailleurs certaines personnes espéraient, de ce déploiement de leur science, autre chose que de la gloire, qui ne suffit qu'aux âmes nobles et élevées.

Ainsi M. de Saint-Martin s'empressa de faire paraître sa *Notice sur le Zodiaque de Denderah*, lue à l'académie des Inscriptions, le 8 février 1822; notice où il ne résolvait aucune question, mais où il évitait avec soin de nous nommer, bien que nos écrits ne lui eussent pas été inutiles pour cet opuscule. Ainsi parurent, vers le même temps, les ouvrages de M. le Prince, sous-bibliothécaire de Versailles, le prétendu réfutateur de Newton; le livre de M. d'Ayzac, ancien magistrat, auteur du *Régulateur universel de la chronologie*; l'*Essai sur le Zodiaque circulaire de Denderah* de M. Alexandre Lenoir, conservateur des monumens de Saint-Denis; l'*Examen et explication du Zodiaque de Denderah, comparé au globe céleste d'Alexandrie, conservé à Rome dans le palais Farnèse*, par M. l'abbé Halma, ouvrage qui fut suivi d'un lourd supplément publié aussi en 1822; *une première Notice* de M. Dumersan, employé au cabinet des médailles; une autre de M. Tardieu (Paris, chez Brunot-Labbe); une explication de M. Ferluss; et enfin, à Gênes, un opuscule intitulé : *Il Zodiaco di Denderah illustrato*, par G. B. Gervasoni, avec cette épigraphe tirée de la *Correspondance astronomique* du baron de Zach, tome vi, p. 440, « *Il est bien visible que ce soit-disant* » *Zodiaque de Denderah, représente au principal tout autre chose* » *qu'un Zodiaque*, » épigraphe qui, pour le dire en passant, montrait que ce célèbre astronome qui nous a honoré de ses lettres, avait bien peu médité la question : car il nous semble que nous l'avions résolue dès 1820 et 1821; et nous lui avions fait hommage de nos écrits, aussi-bien qu'à M. le docteur Young, de la société royale de Londres.

Tous ces livres si nombreux, non plus que celui de M. Dalmas, intitulé : *Mémoire sur le Zodiaque, en faveur de la religion chrétienne*, Toulouse, 1823; celui du prince Charles de Hesse, maréchal des armées danoises, imprimé à Copenhague en

1824, et que nous adressa, de la part de S. A., le célèbre docteur Munter, évêque de Zélande (1) ; celui de M. Letronne, publié en mars 1824, intitulé : *Observations critiques et archéologiques sur les représentations zodiacales* ; et enfin celui de John Bentley, publié en 1825, à Londres, à la suite de son livre intitulé : *A Historical view of the Hindu astronomy, etc.*, et même le chapitre du supplément à l'*Encyclopédie d'Édimbourg*, où l'illustre docteur Young parlait des Zodiaques égyptiens, ne firent faire aucun pas à la question controversée.

Nous possédons presque tous ces écrits, et nous pourrions les analyser, comme en 1821 nous le fîmes pour les ouvrages antérieurement publiés sur les Zodiaques égyptiens; mais plusieurs de ces opuscules sont indignes de toute analyse, et la plupart concluent, comme le faisait M. Biot (en prenant la réelle orientation du temple de Denderah, et faisant abstraction des cinq jours complémentaires ou dérobés, qui étaient marqués sur ce monument), que le Planisphère de Denderah remontait au temps des derniers Pharaons, soit sous Bocchoris, soit sous un autre roi postérieur.

Or, ce fut alors que, guidé par les essais du docteur Young, M. Champollion parvint à lire les cartouches des noms royaux à Esné et à Denderah : il y lut le nom de *Claude* et le titre *autocrator ;* et ce que nous avions établi par des considérations purement astronomiques (2), se trouva ainsi démontré d'une manière toute différente, mais non moins positive.

Ici encore, on chercha à nous dérober le faible mérite de nos travaux (3). Ne voulant pas avouer, ainsi qu'on le fait main-

(1) Ce Mémoire du feu prince Charles de Hesse est fort médiocre: mais on y trouve une lettre de MM. Nicolet et Saint-Martin, qui offre quelque intérêt, et où ils avouent leurs erreurs dans leurs premières conjectures.

(2) *Voir* p. 34 la note du Rapport de M. Delambre sur nos Mémoires.

(3) *Voir*, dans l'article *Égypte* de *l'Univers pittoresque* de Didot, qui paraît en ce moment, les nouveaux développemens de M. Champollion-Figeac, sur ces Zodiaques égyptiens. Il avoue que la lecture des noms romains sur les Zodiaques, ne peut préciser leur date ; et, à l'exemple de M. Biot, il remonte à une antiquité inconciliable avec l'histoire.

tenant, que les empereurs romains auraient pu, comme on l'a fait à Chartres et sur d'autres cathédrales, faire copier à Denderah et à Esné des Zodiaques antiques, et de mille à deux mille ans de date, MM. Champollion s'attribuèrent à eux seuls le mérite de cette fixation moderne de l'âge de ces Zodiaques; ils en reçurent toutes les récompenses possibles, et nos Mémoires, encore *manuscrits* (1), restèrent de nouveau inédits, tandis que, sans nos calculs astronomiques, ces noms romains lus sur ces Zodiaques, n'en fixeraient en rien la date.

Cette lecture des noms romains embarrassa cependant M. Biot, qui avait prétendu fixer mathématiquement à l'an 716 avant J.-C,, la date du Planisphère de Denderah. Il laissa donc effacer un peu le souvenir de ses Mémoires, lus en 1822, et ce fut seulement en 1823 qu'il publia, chez Didot, ses *Recherches sur plusieurs points de l'astronomie égyptienne*; assurant qu'il ne reviendrait plus sur ces matières, et y mettant un avant propos qui portait cette épigraphe tirée de Molière :

« Eh bien ! je me suis tû, malgré ce que je voi,
» Et j'ai laissé parler tout le monde avant moi. »

Nous allons donc examiner maintenant ce premier ouvrage de M. Biot, sur les Zodiaques, et voir si, parlant le dernier, il a parlé mieux que les autres, et ne s'est pas borné à leur emprunter ses idées.

(1) Plus de dix fois M. le baron Cuvier nous a pressé de publier les *Mémoires astronomiques* que nous avions lus à l'académie en 1820, et dont il avait été l'un des juges avec M. Delambre et le docte et profond M. Ampère; et nous rencontrant à Londres, où il se trouvait lors de la révolution de 1830, il nous demanda encore pourquoi nous n'imprimions pas les manuscrits qu'il avait cités dans son *Discours sur les Révolutions de la surface du globe?* Nous lui dîmes alors que nous voulions rendre ces travaux plus dignes de la publicité. Mais maintenant, qu'outre M. Biot, nous voyons encore d'autres académiciens prétendre nous les dérober, et s'attribuer des découvertes que nous avons faites depuis plus de douze ou quinze ans, c'est-à-dire, avant que leur nom fût connu, nous voulons leur éviter cette peine, et, sans les donner en leur entier, nous publions enfin quelques-uns de ces résultats qu'ils feignent de découvrir en ce moment même.

SECONDE SECTION.

Des emprunts essentiels que M. Biot a bien voulu nous faire, et de la manière dont il a cherché à les déguiser.

Il y a trop de loyauté dans le fond de notre caractère pour que nous ayons jamais prétendu savoir ce que nous ne savons pas, et surtout pour que nous nous soyons jamais emparé des idées des autres, *sans les nommer*.

Ainsi, bien que nous ayons su et rédigé tous les cours que des professeurs distingués faisaient à l'école Polytechnique, nous ne nous sommes jamais donné et nous ne nous donnerons pas encore comme habile en astronomie transcendante; et M. Arago a pu nous voir suivre son cours élémentaire à l'Observatoire, ce que faisait également M. le baron *de Humboldt*, qui cependant n'est pas sans quelques connaissances.

Jamais non plus nous ne nous sommes donné comme entendant Homère ou comme appréciant toutes les beautés de Virgile; mais quand nos études sur les constellations de tous les peuples nous ont amené à sentir la haute importance de l'examen des *caractères hiéroglyphiques*, conservés, *avec une tradition vivante encore*, dans les livres des Chinois, alors nous nous sommes livré avec ardeur à cette étude; et si autrefois nous avions pu comprendre les sublimes théories des Pascal et des Leibnitz, il nous semble que vingt années de lecture dans des livres que personne en Europe n'avait ouverts, ont pu nous donner des notions toutes nouvelles, et nous amener à des résultats très-importans, que jusqu'ici on a voulu étouffer en France, mais qui sont admis déjà dans les principales capitales étrangères, et qui commencent même à être appréciées dans le sein de cette académie que préside M. Biot.

Un de ces résultats, ce fut de nous porter à soupçonner, par exemple, que depuis les temps fort reculés, où la sphère conservée en Chine a été conçue, plusieurs étoiles se sont déplacées d'une manière assez sensible ; et c'était dans cette conviction que discutant la position successive qu'eut le pôle de l'équateur dans la sphère primitive, nous fûmes amené, dans la préoccupation ou nous étions de ce déplacement considérable de quelques étoiles (déplacement dont Bailly nous offrait déjà des preuves, dans son Histoire de l'astronomie ancienne), à prendre, dans un mémoire de Maraldi, des *ascensions droites* et des *déclinaisons*, pour des *longitudes* et des *latitudes ;* Maraldi ici, n'énonçant pas la nature des degrés dont il parlait, et notre conviction étant telle, que nous voulions absolument, trouver des exemples de ce déplacement, même dans les modernes.

Il y avait, sans doute, erreur de notre part ; mais nous rédigions alors nos derniers Mémoires pour l'académie des Sciences ; nous allions partir pour les Pyrénées, et nous avions lu beaucoup trop vite ce passage de Maraldi, sans prendre la peine d'approfondir son Mémoire en son entier. Nous ne nous servions d'ailleurs, de cette citation erronée, que pour la discussion du nom d'une étoile vers le pôle, et notre théorie qui fixait l'âge du Planisphère de Denderah, en était totalement indépendante.

Maintenant, enfin, on commence à concevoir ces déplacemens sensibles des prétendues étoiles fixes, dont nous avions alors donné une preuve inexacte, mais dont nous avions cité encore d'autres preuves plus concluantes. Ainsi, nous observions que la *sphère chaldéenne conservée en Chine*, plaçait autour de l'étoile β, du Lion, c'est-dire, autour de l'étoile de sa queue (*deneb el asad*), quatre autres étoiles qui, dans cette forme de constellation *β* * portaient, avec cette étoile centrale de la queue, le nom remarquable de *Trône des cinq Tys* ou des *cinq Empereurs*, en chinois *Ou-ty-tso.*

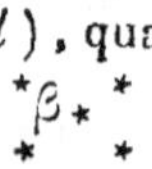

Or, notre atlas de Bode, non plus que celui de Flamsteedt,

ne placent auprès de β, queue du Lion, qu'une étoile de sixième grandeur, nommée *O*, et d'autres étoiles sans doute invisibles à l'œil nu, puisque Flamsteedt ne les indique pas, et que même en Chine, où le ciel est si pur cependant, le père Noël ne les mentionne pas, disant, p. 72 de ses *Observations mathématiques* (Prague, 1710), que cette constellation *Ou-ty-tso*, répond, dans le *Lion*, aux étoiles qu'il désigne ainsi : *Lucida caudæ, et quatuor parvæ instar quadranguli circumcingentis præcedentem ; sed harum tres vel minimæ*, VEL FICTÆ.

Long-temps avant les travaux qui se font maintenant, sur les déplacemens des étoiles fixes et sur le mouvement des étoiles doubles l'une autour de l'autre, nous étions donc amené, par la seule étude des antiques catalogues d'étoiles de la Chine, dont nous discuterons l'époque un peu plus loin et dans ce Mémoire même, à admettre que les étoiles avaient diminué d'éclat, et avaient en même temps changé de place; et l'atlas de Bode, en effet, met une étoile double près de la queue du Lion β, et place tout auprès de cette étoile β elle-même, une étoile qu'il marque de sixième grandeur, et qui peut-être ne s'est ainsi rapprochée de l'étoile β que depuis les temps reculés dont nous parlons. De sorte que, de ces 5 étoiles ainsi figurées m n β p q, l'étoile m se serait seule conservée visible, et à-peu-près à la même place qu'elle occupait ; l'étoile double n serait devenue de sixième grandeur, l'étoile q se serait rapprochée, en perdant de son éclat, de l'étoile centrale β, queue du Lion, et l'étoile p, enfin, aurait disparu, ou se serait fort éloignée de ce groupe, dont auparavant elle faisait partie.

Et nous insistons fort sur tous ces phénomènes, car le nom seul de 帝 *Ty*, ou de Rois, Empereurs, donné à chacune de ces cinq étoiles, et le dessin que les Planisphères chinois en offrent, montrent également qu'elles étaient toutes et *grandes* et *visibles*, et cet exemple spécial nous a paru essentiel à indiquer ici, pour montrer comment d'une erreur elle-même, dans nos premiers travaux de 1820, jaillissaient des vérités que l'on soupçonne à peine depuis très-peu d'années.

Mais M. Biot et d'autres prirent à la lettre cette ignorance que l'on voulait bien nous attribuer, et tout en nous cachant avec soin ses travaux, et nous empêchant, bien qu'il en dise, de voir le Planisphère de Denderah, il conçut l'espoir de nous écarter de cette discussion importante avec adresse; et, affectant même de ne pas nous nommer, dans son Mémoire lu à l'Académie, et dans son livre imprimé en 1823, voici les emprunts qu'il nous fit, et la manière dont il les déguisa.

L'étude approfondie que nous avions faite et des Zodiaques *égyptiens* et des Planisphères *chinois*, nous avait permis de reconnaître que le Planisphère de Denderah, aussi-bien que le Zodiaque rectangulaire du portique, offraient des projections mathématiques, faites, sans aucun doute, sous les auspices de l'école d'Alexandrie. Nous l'avions dit et imprimé (1); mais n'ayant que des dessins faits à vue de ces monumens, nous éprouvions naturellement des difficultés pour fixer positivement la nature de ces projections.

Par la sorte de *Houe* ou de *Crochet* que la sphère conservée en Chine mettait au pôle de l'équateur, nous avions, le premier, reconnu que le Planisphère de Denderah avait pour centre ce pôle de l'équateur, et non celui de l'écliptique, puisque l'on y retrouve ce *crochet* ou cette *houe*, sur laquelle marche un *Chacal*. (VOIR NOTRE ATLAS, PLAN DU PLANISPHÈRE.) Nous avions donc été plus loin ici, que MM. Jollois et Devilliers, qui déjà avaient soupçonné une projection dans ce plafond, mais n'avaient pu savoir si elle avait lieu sur l'équateur ou sur l'écliptique, et nous voulûmes essayer si une *projection stéréographique* et *faite sur le plan de l'équateur*, nous donnerait une représentation semblable à celle du Planisphère.

Dans la partie de ce dessin que nous fîmes, *et que nous mîmes alors sous les yeux de la commission*, nous trouvâmes

(1) *Voir* page 20 du Rapport de M. Delambre.

en effet d'assez grands rapports avec le Planisphère de Denderah, pour la partie où se trouvent projetés le *Lion*, *Orion*, *Syrius*, etc., c'est-à-dire, celle du *colure du solstice d'été*; mais dans la partie opposée, celle du *Sagittaire*, nous apercevions des différences assez grandes (1) : car, en vertu même de la nature de la projection que nous employions, ces constellations du tropique du sud s'élargissaient beaucoup trop ; mais, nous le répétons, nous n'avions que des dessins, entre lesquels les esquisses faites par MM. Denon, Hamilton et autres, nous donnaient elles-mêmes des différences très-grandes ; et l'on sent qu'avant que le Planisphère ne fût arrivé à Paris, et tant qu'il nous fut avec soin interdit de le voir, nous ne pouvions opérer avec une certitude mathématique.

Mais, dès-lors, nous avions lu, la plume à la main, toute la partie qui traite des planètes et des constellations, dans le *San-tsay-tou* ou *Encyclopédie japonaise*, et nous avions comparé ces livres précieux (bien que mêlés de prédictions et de fables astrologiques), avec les Planisphères chinois que nous possédions; et ces travaux, qui furent la base du premier Mémoire, lu par nous à l'académie des Sciences en 1820, nous avaient montré, aussi-bien que les *calques que nous fîmes alors des cartes célestes de ces livres chinois*, que d'autres projections étaient suivies par les anciens astronomes, et notamment *celle par développement sur un plan tangent au pôle, des arcs qui mesurent la distance de ce pôle aux étoiles :* projection que M. Biot prétend avoir découverte sans le secours de mes Mémoires et du Rapport de M. Delambre, où ce dernier la proposait.

Dans le *San-tsay-tou*, en effet, ou *Encyclopédie japonaise et chinoise*, le ciel constellé est décrit de cette manière : on donne les cartes et descriptions de *trois palais* ou *marchés célestes*, qui répondent à peu près, 1° au cercle des étoiles du pôle nord, comprises dans le cercle arctique ; 2° à celles que limite le grand *serpent d'Ophiucus* ; 3° à celles comprises entre les deux équerres que tracent au ciel la *croupe du Lion* et le *corps de la Vierge*. (Voir tome x, Institut, *Mémoires des*

(1) *Voir* page 22 du Rapport de M. Delambre, et notre *Atlas* ici.

savans étrangers, LE PLANISPHÈRE CHINOIS DE DEGUIGNES FILS, ICI COMPARÉ A CELUI DES GRECS.)

On donne ensuite deux cartes spéciales de la grande et de la petite Ourse, cette dernière étant tracée par les Chinois tout autrement que nous le faisons, et d'une manière analogue à celle du Planisphère de Denderah.

Enfin, on décrit le reste du ciel en vingt-huit fuseaux plus ou moins larges, portant chacun les noms d'une des vingt-huit stations de la lune, et offrant les constellations sud et nord, qui dépendent de chacune de ces vingt-huit constellations centrales et lunaires, et c'est ici que nous reconnûmes la *méthode de projection par développement de distances au pôle; car chaque constellation est donnée de position*, 1° par la *distance au pôle nord de sa principale étoile;* 2° par sa distance mesurée sur l'équateur à l'étoile 角 *kio*, qui est celle de l'épi de la Vierge opposée à 180° à 婁 *leou*, qui est la tête du bélier et deux autres étoiles, et la première des vingt-huit chez les Chinois.

Une projection faite avec ces élémens était donc possible. Et en effet, l'*Encyclopédie chinoise* offre *douze vues successives du ciel* (1) pour des temps qui ont précédé notre ère, vues qui ont dû être construites avec ces élémens, et qui répondent à chacune des douze lunes de l'année; et les Indous eux-mêmes, quand ils avaient une astronomie encore savante, n'ont pas dû employer une autre méthode; car dans chacun de leurs *Nakhschatrons*, il y a une étoile *yoga*, dont la position est fixée par sa *distance au pôle nord* et sa distance sur l'équateur, à un premier méridien. Or, dès 1820 (2), nous avons fait voir par l'*Uranographie mongole* traduite, *mais non commentée par M. Remusat*, que ces vingt-huit constellations lunaires des Indous, correspondaient exactement chacune aux mêmes étoiles que les vingt-huit 宿 *sieou* des Chinois; ce qui nous

(1) Nous en offrons ici les principales dans les planches qui accompagnent ce Mémoire.

(2) *Voir* page 12 du Rapport de M. Delambre.

permit de fixer dès-lors, avec plus de certitude que les savans de Calcutta, la date des solstices et des équinoxes indiqués dans les *Pouranas*, date jusqu'alors mal calculée.

Nous avions communiqué à M. Delambre tous ces résultats de nos veilles et de nos longs travaux; nous lui avions montré et notre essai de *projection stéréographique* comparée au Planisphère de Denderah, et cette méthode de projection *par développement*, que nous indiquaient les livres chinois; et comme ce savant respectable, à qui nous ne cachions rien de nos doutes ni de notre ignorance dans ces matières épineuses, n'était pas plus certain que nous de l'exactitude des divers dessins rapportés à Paris du Planisphère de Denderah, il est tout simple qu'il ait flotté comme nous entre ces deux méthodes, et que (page 23 de son rapport) sur nos travaux, il ait dit : « Nous n'oserions assurer que le dessinateur du Planisphère (de Denderah) eut connaissance de la *projection d'Hipparque*, ce qui serait donner à ce monument une date décidément trop moderne aux yeux de quelques savans, *dont l'opinion mérite toutes sortes d'égards;* mais ayant une partie considérable de la sphère à représenter sur un plan, les dessinateurs auront choisi tout naturellement celui de l'équateur; ils auront placé au centre le pôle boréal, autour duquel ils auront dessiné les différentes constellations *dans l'ordre de leur passage au méridien*, et à des distances polaires à peu près égales aux distances réelles, autant du moins qu'ils pouvaient les estimer.... Peut-être aussi ont-ils suivi les distances à l'équateur, ou les déclinaisons telles qu'ils auraient pu les connaître: c'est ce dont il est impossible de s'assurer, puisqu'ils n'ont indiqué la place d'aucune étoile. »

On voit ici que M. Delambre hésitait encore, malgré la force de nos preuves, à placer ces monumens astronomiques (qu'on avait faits d'une si haute antiquité), du temps des Romains, ou même d'Hipparque. Mais quand, à notre retour des Pyrénées, il nous eût communiqué son beau travail sur nos Mémoires, et signalé la seule erreur que l'on avait pu y découvrir, mais qui n'altérait en rien nos principaux résultats, quand nous eûmes fait un *Mémoire supplémentaire*, et réuni des monumens antiques, qui lui montraient partout le *solstice d'été* entre les *Gémeaux* et le *Cancer*, il rédigea la note où (page 34 de son Rapport), il reconnaît avec nous, que les Zodiaques sont positivement modernes, et même tracés peut-être dans le premier siècle de notre ère; et si dans cette note il semble revenir à la *projection stéréographique* ou à celle d'Hipparque, et abandonner celle par *développement* que nous lui avions également soumise, et qui est positivement énoncée page 23 de son Rapport cité ci-dessus, cela tient, nous le répétons, aux incertitudes où il était comme moi, sur l'exactitude des copies *faites seulement à vue* du Planisphère.

Ce Planisphère arriva enfin à Paris en 1822, et alors ces incertitudes devaient cesser, et pour lui, s'il eût encore vécu, et pour moi, s'il m'eût été permis de voir ce monument; mais M. Biot, qui avait médité sur ce beau Rapport de M. Delambre et sur mon Aperçu (sans daigner jamais me remercier de l'hommage que je lui en avais fait), s'était réservé *exclusivement*, *sous le prétexte d'en négocier l'achat*, la vue et la vérification de ce curieux monument, si courageusement enlevé aux dévastations des Musulmans, possesseurs stupides de l'Égypte (1).

Entre ces deux projections, que des dessins inexacts avaient fait admettre comme possibles à M. Delambre ainsi qu'à moi (2), M. Biot, possesseur exclusif du monument, n'eut pas de peine à reconnaître laquelle avait été réellement suivie, et il prétendit en avoir fait seul la découverte (3).

Il osa aller plus loin encore : par un raisonnement fort simple, mais que nous ne fîmes cependant qu'après de longues méditations, *et que personne n'avait fait avant nous*, nous avions

(1) Il en a été de même des nouveaux monumens astronomiques rapportés en 1830 par M. Champollion le jeune : M. Biot les a tous eus sous les yeux; quant à nous, sous mille prétextes, cette vue nous a été et nous est encore refusée.

(2) *Voir* pages 22 et 23 du Rapport de M. Delambre, 1821.

(3) *Voir* page 18 des Recherches de M. Biot, publiées en 1823.

établi, au sein de l'académie des Sciences et devant M. Delambre en particulier, que la ligne nord et sud tracée dans un plafond zodiacal, tel que celui de Palmyre ou de Denderah, y déterminait la position des solstices, *puisqu'au solstice d'été le soleil est au maximum de sa marche vers le nord, et au solstice d'hiver le plus près du pôle sud.* C'était l'œuf cassé de Cristophe Colomb; mais ce qui est fécond et vrai est ordinairement fort simple, et nous avions quelque droit peut-être de nous flatter de cette découverte.

Croira-t-on que M. Biot entreprit également de nous enlever ce principe, aussi-bien que la projection admise d'après nous par M. Delambre? A Palmyre, le temple était orienté exactement, et l'axe du temple se confondait avec celui du Planisphère, et plaçait le solstice d'été entre les *Gémeaux* et le *Cancer* exactement, ce qui convenait parfaitement à l'époque à laquelle on supposait ce temple construit (VOIR NOTRE ATLAS.)

Mais à Denderah, le temple ni le plafond du Planisphère n'étaient point exactement orientés, et faisaient un angle vers l'est, de 17° environ, avec la *ligne méridienne.* Nous avions donc eu à choisir entre l'axe du temple, édifice que, par abstraction, on pouvait supposer exactement orienté, et entre la *véritable méridienne*, passant par le centre de ce plafond. La première de ces lignes tombait sur *Pollux* des Gémeaux, et nous y faisait placer le solstice d'été; la seconde, c'est-à-dire, la *méridienne*, tombait derrière un homme *à tête d'épervier*, qui marche devant le Lion, et où les Zodiaques égyptiens de Kirker nous avaient fait reconnaître le symbole égyptien du *Cancer* (1), que l'on s'obstinait *à tort* à voir au-dessus

(1) Nous avons expliqué dans nos Mémoires comment ici la *Grande-Ourse* est figurée par le *Crabe* ou *Cancer*. La sphère antique conservée en Chine, donnant le même nom 鬼 *Kouey*, au *carré de la Grande-Ourse* et au *carré* 鬼 *du Cancer* des Grecs, ou à l'ensemble des quatre étoiles qui dessinent ce carré, et ce nom 鬼 *Kouey*, qui a le sens de *mânes*, étant rendu en égyptien par l'épervier, type des *âmes* et *mânes*, oiseau qui ici, à Denderah, remplace le *Cancer*.

du Lion, tandis que là, aucune projection ne peut amener que la *Grande-Ourse*, ou du moins la figure de ses pattes et celle du *Petit-Lion*. (VOIR ENCORE ICI, LES *planches gravées* POUR CE MÉMOIRE.)

S'emparant de notre principe d'orientation (pag. 108 et 109 de ses Recherches, publiées en 1823), M. Biot appliqua à cette méridienne exacte, la méthode de projection qu'il avait également prise dans le Rapport fait par M. Delambre, sur nos Mémoires, et par là il sembla arriver à d'autres résultats que nous, et à une date de 716 ans avant notre ère, date qu'il avait trouvée plausible, puisqu'elle mettait ce monument sous les derniers Pharaons et avant la domination des Perses, et dans laquelle il se rencontrait avec le docteur Young de Londres, et quelques autres académiciens de Paris, avec lesquels il était convenu de me priver entièrement du fruit de mes longs travaux.

Mais il fallait déguiser sa marche, car le souvenir de mes Mémoires était encore trop présent dans l'esprit de beaucoup de membres de l'Institut; et voici ce que fit M. Biot : il imagina *à priori*, il nous assure !!! de voir dans ce Planisphère égyptio-chinois *le cœur du Scorpion*, c'est-à-dire l'étoile *Antarés*, dans un vase, , que porte un *hippopotame* figuré debout sous l'un des bassins de la balance, et à plus de 17° en avant du Scorpion tracé sur le Planisphère (p. 24 de ses Recherches); et avec la même habileté, retrouvant bien loin *derrière le Verseau*, et à plus de 17° d'un poisson qui boit l'eau épanchée de son urne, un bras et un autre groupe d'hiéroglyphes, qui en rien n'indiquaient un poisson, il imagina que ce bras et ces hiéroglyphes, très-éloignés, nous le répétons, de l'*eau du Verseau* du Planisphère et du poisson qui la reçoit, désignaient la belle étoile de la bouche du poisson, c'est-à-dire, celle de *Fom-al-haut* (p. 29).

Dès lors, et avec l'étoile d'*Arcturus*, qu'il sut découvrir (p. 22) avec la même habileté, et derrière la Vierge et son épi, et non pas au-dessus comme la présente la sphère grecque, il calcula, nous dit-il, ses triangles sphériques : reconnut ainsi que le pôle du Planisphère était celui de l'équateur, ce que nous avions d'abord établi directement, et arriva enfin à cette conclusion, qui était notre point de départ, savoir (VOIR P. 107 ET 109 DE SES RECHERCHES, PUBLIÉES EN 1823), que le *colure des solstices, dans ce Planisphère de Denderah, s'identifiait avec la méridienne tracée par le centre du plafond zodiacal, et que le colure des équinoxes passait à environ 5° en arrière du symbole que toute l'antiquité assigne*, ainsi que nous, *à cet équinoxe*, symbole qui consiste en *un Harpocrate le doigt sur la bouche, assis sur un lotus épanoui, et qui se voit sur le bord du Planisphère de Denderah.* (Le lotus, fleur qui s'ouvre avec le soleil levant, devant tout naturellement être, comme le dit Plutarque, le type du *lever par excellence*, c'est-à dire, celui du soleil, le jour de l'équinoxe du printemps, époque où la nature semble renaître.)

Qu'on lise, si on en a le courage, la note première, page 284, où M. Biot, dans ses Recherches, essaie de montrer comment il a reconnu *à priori* le cœur du Scorpion, dans ce vase que porte un hippopotame, à plus de 17° en avant de cet astérisme du Scorpion. Il nous avait semblé jusqu'ici, que le cœur d'un Scorpion et celui de tout autre animal, était renfermé dans sa figure ; mais, doué d'une vue surnaturelle, M. Biot découvre que ce cœur est situé sous la *Balance*, bien loin en avant du Scorpion, et voici une de ses preuves, page 287, c'est « qu'Horapollon nous apprend que pour désigner » l'Égypte, on peignait un *encensoir* embrasé, surmonté » d'un *cœur*, indiquant ainsi que l'Égypte, à cause de l'ex- » trême chaleur qu'elle éprouve, est comme le *cœur d'un jaloux* » *qui brûle d'une perpétuelle flamme.* »

Nous craignons ici que la jalousie ne se trouve pas seulement en Égypte et dans ce symbole; mais pour en revenir à ces points immuables, *découverts à priori*, et sur lesquels M. Biot avait bâti ses prétendus triangles sphériques, nous renvoyons à un homme compétent en ces matières symboliques, à M. Champollion le jeune, qui, bien que lié avec M. Biot, s'éleva, dans la *Revue encyclopédique* (cahier 44, août 1822), contre ces prétendues fixations d'étoiles *découvertes à priori* par M. Biot ; lui montrant ici que ces étoiles étaient des noms et de simples hiéroglyphes, et nullement des projections mêmes de constellations, et se récriant surtout sur ce vase où il plaisait à M. Biot de voir un cœur.

Publiant enfin ses Recherches en 1823, M. Biot essaya de répondre à cette lettre insérée dans la *Revue encyclopédique*, par M. Champollion; mais il ne put rien lui objecter sur le nom *autocrator*, qu'un cartouche avait offert près de la *grande déesse* figurée à côté du Planisphère. La date de 700 à 716 disparaissait donc, aussi-bien que tous ces triangles sphériques appuyés sur des bases par trop fragiles.

Aussi, lorsqu'en 1822, après l'achat fait par le Roi, nous eûmes enfin pu voir le Planisphère et vérifier sa projection, et lorsqu'en 1822 nous eûmes publié nos *Nouvelles considérations sur le Planisphère de Denderah*, où, nonobstant les calculs de M. Biot, nous retrouvions la sphère d'*Aratus* ou d'*Hipparque*, que nous y avions toujours supposée, le vîmes-nous se renfermer dans un superbe et dédaigneux silence à notre égard.

MM. Jollois et Devilliers (1), habiles et courageux ingénieurs, mais peu versés dans la haute antiquité et dans l'étude des hiéroglyphes, avaient voulu aussi réclamer la projection empruntée par M. Biot, et avaient écrit à l'académie à cet égard. Étant sûr de leur répondre victorieusement, M. Biot descend jusqu'à les nommer, et veut bien consacrer trente pages à les réfuter (Voir p. 249 a 279); mais quant à nous, c'est à peine s'il nous accorde quatre pages, et encore en évitant de nous nommer (p. 279 a 283); et ici on lui voit invoquer M. Delambre agonisant, comme si, au moment de

(1) Ces Messieurs viennent de publier un *Opuscule* où ils reprochent à M. Biot, après avoir nié l'antiquité de l'astronomie égyptienne, d'être venu puiser dans leur mémoire, sans les citer, ses nouvelles idées sur la date reculée des Zodiaques. Et dans cet Opuscule, ils indiquent parfaitement quels motifs avait autrefois M. Biot pour vouloir que l'astronomie des Égyptiens fût toute moderne.

mourir, ce loyal et docte académicien avait pu se rappeler les longues conférences que j'eus avec lui, les essais divers que je lui avais soumis, et la part que j'avais eue au rapport qu'il fit sur mes travaux; car il ne niait nullement ses connaissances imparfaites, soit dans le chinois, soit dans les antiquités égyptiennes et autres, et l'on sent qu'ici M. le marquis de Laplace lui-même eût échoué, si, sans de longues études, il eût voulu traiter des questions aussi complexes, et qui ont déjà inutilement occupé tant de bons esprits.

Mais dans ce Rapport (1), et sur ma demande formelle, M. Delambre, outre mes résultats astronomiques, avait consigné ce fait si important pour l'*histoire de l'homme et des peuples primitifs*; savoir : que la plupart des constellations de Denderah, autres que celles des Grecs, et même plusieurs de celles des Grecs, se retrouvaient dans les antiques Planisphères emportés en Chine; et notamment il indiquait, 1° la constellation d'*Orion*; 2° celle de la *femme mise dans la croupe du Syrius des Grecs et dans la proue d'Argo*, femme qui tire de l'arc; 3° celle des *sacrifices*, que l'on voit figurée dans un cercle à Denderah, ou à Esné, dans un carré, sous l'eau qu'épanche le Verseau. (VOIR PAGES 16 A 20 DE SON RAPPORT.)

J'avais lu le Mémoire où ces faits étaient établis, non-seulement à l'académie des Sciences, mais à l'académie des Inscriptions et en présence de M. Remusat, mon ancien professeur. J'avais *dressé des cartes de ces constellations, dessinées sur celles des Grecs, et comparées à celles de Denderah*, et M. Arago peut se rappeler d'avoir demandé et vu à l'Observatoire ces cartes dessinées en 1820, et que je publie ici pour la première fois, soupçonnant que certaines personnes songent maintenant à s'en emparer. (VOIR L'ATLAS JOINT A CES MÉMOIRES.)

Eh bien! M. Biot, pour mieux effacer la trace de tous mes travaux, dans ses *Recherches publiées en* 1823, ne craignait pas d'attribuer (PAG. 5 et PAG. 74) ces découvertes, qui seules

(1) Pag. 4 et pag. 16 à 20, Rapport de M. Delambre.

m'ont valu peut-être quelque célébrité en Europe, à M. Remusat, dont j'avais, il est vrai, suivi les cours, et, comme lui, calqué les cartes tirées de l'*Encyclopédie chinoise*; cependant il n'avait appris que par mon livre ces rapports si décisifs et d'une si haute importance entre les Chinois et les anciens Égyptiens, et il ne se piquait nullement de connaissances mathématiques ni astronomiques.

Toute l'école Polytechnique, que j'inspectais alors, m'avait vu les découvrir, ces rapports, et M. Biot possédant mon livre aussi-bien que M. Remusat, veut les attribuer à cet académicien, qui n'en a jamais, que je sache, réclamé la propriété. Ainsi, après nous avoir fait les plus longs emprunts, M. Biot voulait anéantir jusqu'à la moindre trace de nos longs et pénibles travaux ! ! Nous demandons quel nom méritent de tels procédés ? et cependant nous avons eu la longanimité de ne pas nous plaindre jusqu'à ce jour; mais nous allons voir M. Biot nier maintenant, ces rapports qu'il voulait nous ravir et qu'il admettait encore, à cette époque.

TROISIÈME SECTION.

Des contradictions formelles que le travail actuel de M. Biot offre avec ses anciens travaux, et de la valeur de sa détermination de l'équinoxe vernal, en 3285 avant Jésus-Christ.

Nous n'avons pas entendu la lecture des derniers Mémoires de M. Biot, mais tous les journaux en ont donné les conclusions, et c'est spécialement dans le journal *le Temps*, et dans le journal de l'*Institut*, copié sur le Mémoire même de M. Biot, que nous puisons ici nos citations.

Dans son livre publié en 1823, à cette époque où les Saint-Martin, les Halma, les Alexandre Lenoir, prétendaient, tout aussi-bien que M. Letronne, avoir seuls prouvé que les Zodiaques étaient modernes, M. Biot marchait dans leurs voies. Il disait, pag. 223 : « Aucun monument ne nous montre l'astro- » nomie mathémathique existante avant Hipparque. Nous as- » sistons même pour ainsi dire à sa première enfance; nous la » voyons naître avec les observations de Méton, d'Aristille et de » Timocharis. Quelle raison aurions-nous de leur enlever cette » gloire, pour l'attribuer aux anciens Égyptiens, dont nous » ne connaissons absolument aucun résultat qui suppose plus » que la simple inspection du ciel ?.... » Puis il citait Nouet, astronome de l'expédition d'Égypte, parlant de l'horizon de ce pays, *toujours si chargé de vapeurs, que, dans les belles nuits, on ne peut voir se lever ni se coucher les étoiles de troisième et de quatrième grandeur, et que l'on ne peut même y observer aucun lever héliaque.*

M. Biot ici, rentrait donc entièrement dans les idées de M. Delambre, idées que nous avions eues aussi, du moins en partie, mais qui s'effacèrent à mesure que nous eûmes pénétré davantage dans l'étude des hiéroglyphes : car cette étude nous apprit qu'il y avait eu une antique astronomie, aussi-bien qu'une physique, une chimie, une histoire naturelle vaste et complète, sciences toutes écrites également en hiéroglyphes, et qui d'Arabie et d'Assyrie ou de la Chaldée, transportées à une époque fort reculée dans l'est de l'Asie comme en Égypte, y étaient également restées stationnaires, et n'avaient fait place que long-temps après, aux sciences et aux diverses littératures alphabétiques et modernes.

Dès 1820, nous avions discuté devant l'Académie, les *antiques solstices et équinoxes* indiqués par le célèbre empereur Yao, dans le Chou-king, et ceux que fixa, long temps après Yao, le prince Tcheou-kong, et qui doivent être les mêmes que ceux d'Eudoxe; et notre mérite ici n'avait pas été fort grand, puisque nous nous servions des travaux du docte et célèbre père Gaubil, les étendant seulement à d'autres pays.

On voit donc que nous admettions dès-lors, une antiquité de 2,300 à 2,400 ans avant notre ère, pour l'astronomie hiéroglyphique, soit en Égypte, soit en Chine, soit en Chaldée leur centre commun. Et cette antiquité, nous l'admettons encore : car la sphère même de la Chine nous la démontre, quand elle place, dans λ de la Balance, et près de la *tête du Scorpion* (constellation nommée 房 *fang*, et formée des étoiles de cette tête, β, δ, π, ρ) l'étoile dite 日 *je* ou le soleil dont ces quatre étoiles de *fang* forment le *char* et les *quatre chevaux*, nous dit le dictionnaire antique conservé en Chine, et nommé *Eul-ya* (1). Et quand, en outre, la même sphère an-

(1) *Voir*, *Connaissance des Temps*, le père Gaubil, sur cette constellation *fang*, et pag. 51, t. II, *Observations mathémathiques* du père Souciet et Gaubil : et l'*Encyclopédie japonaise*, carte 6e, liv. II, du ciel, qui la nomme 天 *tien* 馬 *ma*, ou cheval céleste, et aussi 天 *tien*, 馴 *sun*, ou cheval céleste, et du fleuve 川 *Tchouen*, c'est-à-dire Hippopotame, qui en effet y répond dans la projection de Denderah; et *voir* page 26 de ce Mémoire, où l'on a cité ces figures que M. Biot ne put interpréter *à priori*, mais que la sphère chinoise ici, explique.

tique place, à l'opposite de cette étoile du soleil, et dans A du *Taureau*, c'est-à-dire très-près de 昴 *mao* des Pleïades, la constellation dite 月 *youe*, ou l'étoile de la *Lune*, qui est la même que celle de la vache *Io* ou *Isis*.

Ici donc se retrouvaient (et nous l'avions indiqué dès 1820) ces monumens *mythriaques*, imités ensuite dans des grottes si célèbres en astrologie, monumens ou l'on voit le *Soleil* sur son char à quatre chevaux 房 *fang*, à l'est, près de la tête du Scorpion, et la *Lune*, sur un char que tirent des bœufs, se montrant à l'opposite, à l'ouest, près du Taureau et des Pleïades ou de 昴 *Mao* des Chinois, dont le nom seul peint et désigne l'antique équinoxe, c'est-à-dire, un *Harpocrate* ou le soleil 日 *je*, sortant d'une *fleur épanouie* 卯 *Mao*, ou se couchant dans le *Lotus*, fleur qui se ferme le soir aussi-bien qu'elle s'ouvre le matin. (Voir page 27 ci-avant.)

Mais rien ne nous montre les *Hyades*, ou la tête du Taureau, constellation 畢 *Py* des Chinois (ou *Chaldéens*), comme ayant été un lieu d'équinoxe observé; son nom (analogue à la forme de cet astérisme en Y) signifiant *filet à long manche.* De sorte que, même sans avoir vu les dessins de l'expédition Champollion, si *complaisamment prêtés à M. Biot seulement* tandis qu'on nous les refuse encore, nous nions d'avance les conclusions, dans lesquelles il fait remonter des observations d'équinoxes en Égypte jusqu'aux *Hyades*, c'est-à-dire à l'an 3285 avant notre ère; et nous nous en tenons aux colures d'*Yao*, calculés par nous d'après le père Gaubil: n'admettant que les dates de 2300 à 2500 ans avant Jésus-Christ, dates déjà trouvées par d'autres voies par M. le baron Fourier, et qui concordent avec le déluge de Noé, ou du *Ty-ko* des Chinois.

Nous avons cru devoir entrer ici dans cette digression, qui a un rapport direct aux Mémoires actuels de M. Biot; mais nous revenons à son livre publié en 1823, et dans lequel il professait des opinions toutes contraires. Moins versé que lui en astronomie mathématique, nous l'avouerons sans peine, nous n'avions pas eu cependant, ces tergiversations à nous reprocher; nous avions su distinguer l'astronomie savante et moderne des Grecs, de l'astronomie antique et hiéroglyphique, peut-être non moins savante; et si, dans notre introduction, nous citions Newton pour l'opposer à Dupuis, dans l'*Aperçu de nos Mémoires*, imprimé en 1821, comme dans ces *Mémoires* eux-mêmes, qui ont été long-temps déposés à l'Observatoire en 1820 et dont d'autres que M. Arago ont pu avoir connaissance, nous admettions, nous le répétons, et les solstices fixés sous le roi *Yao*, et ceux que détermina postérieurement le *Kong*, ou prince des *Tcheou*, de là nommé *Tcheou-Kong;* seulement nous n'admettions point que ces solstices et équinoxes eussent été fixés en Chine; mais nous les supposions calculés en Arabie ou en Assyrie, ainsi que nous l'établirons plus loin.

Car, comme le trouve M. Sédillot, en ce moment même, pour l'Asie moderne, nous croyons que ce *vaste continent n'avait aussi*, DANS LA HAUTE ANTIQUITÉ, *qu'une seule école d'astronomie hiéroglyphique, et que de cette école partaient, pour tous les empires de ces temps primitifs, tous les calculs et les calendriers qu'ils employaient dans leurs fastes.* Nous en avons fourni et nous en pouvons fournir mille preuves.

Ainsi les anciens nous citent ce fameux cercle d'or d'Osymandias, divisé en 365°, et sur lequel étaient marqués les levers et les couchers des étoiles principales, pour chaque jour de l'année; et en Chine encore actuellement, le *cercle de l'écliptique* se nomme *la voie jaune ou dorée* (1); et l'on sait que le Zodiaque y était divisé, comme le fut sans doute aussi le Planisphère de Denderah, en 365° un quart, et non pas en 360° comme nous le faisons. Ainsi ce *cercle d'or égyptien* offrait la division chinoise.

Or, si nous ouvrons le *Chouking*, p. 233, note 9 (traduction du docte astronome le père Gaubil, missionnaire à Pékin), nous verrons que l'on y parle d'un grand *catalogue d'étoiles*, catalogue qui a été fondu dans les Planisphères chinois ac-

(1) L'écliptique est dite 黃 *Hoang* (jaune), 道 *Tao* (voie); l'or étant dit également 黃 *Hoang* (jaune), 金 *kin* (métal).

tuels (1), et qui avait été fait par le célèbre ministre et mâge *Vou-Hien*, employé sous le roi guerrier *Tay-Vou*, roi qui régna soixante-quinze ans, qui fit entourer de murs épais diverses villes, et qui existant de 1637 à 1563 avant notre ère, dans ce pays, où avaient eu lieu vers 1740 sept années de famine, ne peut être à nos yeux que le célèbre Osymandias, roi d'Égypte, vainqueur de la Bactriane ou de l'Orient, nous dit Diodore.

Dans ce catalogue célèbre, où les étoiles étaient sans doute rapportées non-seulement à l'équateur, mais aussi à l'écliptique ou au cercle d'or de la voûte étoilée, nous devons donc voir ce fameux cercle d'or du tombeau d'Osymandias, cercle où M. Héeren (t. VI, p. 169, note 1, traduction française) trouve comme nous, un simple calendrier, et dont les Grecs mal instruits, traduisant ces noms à la lettre, ont fait un monument en or d'une grandeur absurde.

Nous méditons depuis long-temps sur cette histoire des temps antiques, et nous l'établissons positivement ici : *Il n'est pas un seul grand fait cité par la Bible ou par les Grecs, qui ne se retrouve à la même date dans l'histoire conservée en Chine.* Cette histoire, avant Alexandre, étant celle de l'Asie entière, et n'étant nullement, comme on le croit à tort, celle des Mongols ou des Tartares de l'est de l'Asie, peuples encore à demi-sauvages, même après notre ère, et quand les Arabes (2) et les Syriens allaient trafiquer par signes chez eux, comme Pline nous le rapporte des Seres : et leur pays, excepté la grande muraille postérieure à Alexandre, n'offrant en effet, aucunes vastes constructions antiques, telles que celles dont on voit les restes à Thèbes, à Babylone, à Suze et à Persépolis (3).

(1) Voyez p. 118, t. XXVI, des *Lettres édifiantes*, l'analyse de l'antique astronomie de la Chine, du père Gaubil, qui place cet astronome *Ou-Hien* vers l'an 1620 avant Jésus-Christ, sous l'empereur *Tay-ou*, cité ci-dessus, empereur guerrier, ou conquérant par excellence, et très-célèbre.

(2) *Voir* Renaudot, *Relation du voyage de deux arabes en Chine*, traduite de l'arabe, et augmentée de notes.

(3) Nous invoquons ici le témoignage écrit de M. l'abbé Voisin, prêtre des missions étrangères, récemment revenu du Sse-Tchouen, c'est-à-dire,

Nous pourrions citer encore le célèbre calendrier 月 *Yue* 令 *ling*, si souvent signalé par les missionnaires, et qui contient des pages entières de Plutarque et de Diodore. Nous l'avons traduit en entier *il y a plus de quinze ans*, et cette traduction est depuis long-temps la base de tous nos travaux : car nous sommes certain de son exactitude dans tous les points les plus essentiels, et nous en soumettrons bientôt des parties à l'académie des Sciences.

Mais nous revenons aux travaux de M. Biot et à ses contradictions avec lui-même. Quant à l'antiquité de l'astronomie scientifique, il pourrait nous dire qu'en 1823, on ne connaissait pas les plafonds astronomiques qu'il prétend expliquer actuellement, et où *il voit l'écliptique sous la forme d'une gracieuse déesse descendre verticalement sur l'horizon de Thèbes* (*Voir* le *Temps*, feuilleton, 2 juillet 1834). Nous craignons qu'il n'en soit ici comme de ce *cœur du Scorpion*, qui s'est trouvé n'être qu'un *vase à parfum*, dans ses travaux de 1823; et nous nous réservons, quand les Recherches de M. Biot auront paru dans leur entier, d'examiner sur quelles bases reposent tous ces calculs ; calculs plus exacts sans doute que les fondemens hypothétiques sur lesquels il veut les appuyer; mais nous demanderons à M. Biot si les nouveaux dessins de M. Champollion ont détruit les Zodiaques de Denderah et d'Esné, et comment il se fait qu'il nie aujourd'hui les rapports entre les Chinois et les Égyptiens, qu'il admettait en 1823 (pages 5 et 74 de ses Recherches), et qu'il attribuait à M. Remusat, ne voulant absolument rien nous laisser ?

Les Planisphères chinois n'ont pas changé non plus, il nous le semble du moins; et il sera difficile à M. Biot d'expliquer cette autre contradiction avec lui-même.

Nous lui demanderons aussi, comment, après avoir rapporté à l'*équateur*, en 1823, toutes les projections qu'il fit d'après nous sur le Planisphère de Denderah, il vient aujourd'hui

du centre même de la Chine près du Thibet, province qu'on dit avoir été la première partie habitée de cet empire.

nous affirmer que les Égyptiens, à l'inverse des Chinois, n'ont rapporté tous leurs calculs qu'à l'*écliptique* (comme on le lit p. 219, n° 60, *journal de l'Institut*, 5 juillet 1834) ?

Il nous paraît que c'étaient des Égyptiens, et non pas des Tartares, qui sculptaient ce plafond de Denderah, projeté sur l'*équateur* et non pas sur l'*écliptique*, et projeté exactement (comme nous l'avons montré dans nos *Nouvelles considérations sur le Planisphère de Denderah*, Paris, 1822) par *ascensions droites* et *distances polaires*, ainsi qu'on l'a de tout temps fait en Chine en effet, et comme on le voit encore dans *la description du ciel*, première partie du *San-tsay-tou chinois* ou *japonais*, où nous avons copié, il y a long-temps, les distances au pôle des étoiles principales.

Mais ici, nous abandonnons enfin un adversaire, dont nous ne nions nullement les connaissances en mathématiques et en astronomie moderne, mais dont nous contestons et la bonne foi et les connaissances en hiéroglyphes, et dans les matières qui ont trait à la haute antiquité.

M. Biot *a admis* en 1823, avec M. Remusat et au fond avec nous, et *nie maintenant*, les communications et les rapports intimes qui ont eu lieu (*depuis Sésostris peut-être*) entre *l'Égypte et la Chine;* et nous allons, par mille preuves, démontrer ces antiques et positifs rapports, qui se sont continués, même long-temps après la fondation de la célèbre *école d'Alexandrie*. Ce que nous demandons, c'est qu'on les examine et qu'on les déclare enfin incontestables, ces rapports; c'est qu'on cesse de croire, comme le disait encore le savant M. de Sacy, dans l'éloge qu'il vient de faire de M. Remusat, *les Chinois un peuple à part et isolé*, tandis qu'ils en sont restés seulement, au point où en étaient les Égyptiens quand les Grecs pénétrèrent chez eux. Ce que nous demandons enfin, *c'est qu'on ordonne au plutôt, la traduction des livres de sciences*, qui furent emportés chez eux *de la Babylonie et d'Arabie*, lors des grandes commotions que subirent ces empires centraux : livres précieux, et qui, bien qu'à peine parcourus par nous et par M. Remusat, ont déjà fourni tant de résultats nouveaux et positifs, et ont donné autre chose que des fables et des romans indiens ou arabes.

Des rêveries astrologiques se sont mêlées sans doute, aux sciences contenues dans ces anciens livres; ainsi, par exemple, les changemens de couleur des principales étoiles, y sont donnés comme annonçant des *pestes*, des *voleurs*, de l'*abondance*, des *inondations;* mais la fable ici, cache encore la vérité; car Herschel, en ce moment même, observe au Cap-de-Bonne-Espérance les changemens de couleur des étoiles; et il est au moins remarquable que les anciens aient observé ces phénomènes que nous connaissons à peine, et qui sont déjà cités dans le *San-tsay-tou* chinois et japonais.

Déjà, lorsque dans son cours de l'*Histoire des sciences naturelles,* M. Cuvier déclarait (d'après M. Remusat sans doute) que le *Pen-tsao-kang-mou*, ou le *Grand traité d'histoire naturelle et de médecine* de la Chine, n'avait aucun rapport avec nos sciences occidentales et alphabétiques, nous nous sommes élevé contre cette assertion, et nous lui avons adressé deux lettres encore manuscrites, qu'il nous dit alors, avoir lues avec intérêt.

Nous avons aussi étudié, la plume à la main, tout ce bel ouvrage nommé *Pen-tsao* ou *Plantes fondamentales*, non moins curieux que le *San-tsay-tou* et que le *Pian-y-tien*, que nous venons d'analyser, et qui donne les noms et la description de plus de mille peuples divers, depuis ceux qui existaient dans la haute antiquité 上 *Chang* 古 *kou*, sous le roi si célèbre 黃 *Hoang* 帝 *ty*, jusqu'à ceux maintenant établis sous des noms européens, en Amérique.

Dans cet admirable livre *Pian-y-tien*, l'Amérique elle-même, sous le nom de 扶 *Fou* 桑 *sang*, est décrite comme visitée dès l'an 458 de Jésus-Christ, par cinq religieux Bouddhistes, partis du pays de *Ky-pin* ou de *Samarcande* et du *Caboul*, et convertissant dès-lors ce continent, qui est pour nous si nouveau, continent que cette description place, à vingt mille lys à l'est de la *côte nord-est de l'Asie.* Et, si M. Klaproth dans un Mémoire récent, a prétendu y voir seulement le *Japon*, nous sommes préparé à le réfuter complètement, et à justifier par des preuves toutes nouvelles, les aperçus lumineux du savant M. Deguignes, le célèbre auteur de l'*Histoire des Huns*, le premier qui ait ici, avec raison, reconnu *le continent américain*.

Que l'académie, que la France réprésentée par ses chambres, ordonnent donc la traduction, *possible en ce moment*, de ces livres si précieux, dérobés depuis plus d'un siècle aux *immenses bibliothèques de Pékin* et aux *palais du* Fils du ciel, par de courageux missionnaires. Un opuscule d'Aristote, que monseigneur May retrouverait à Rome, mettrait en feu toute l'Europe. On a ces livres mêmes qu'Alexandre faisait traduire pour Aristote, son docte précepteur, et on les néglige; on les laisse se manger aux vers, dans le cabinet des manuscrits! Si on les ouvre, on n'en tire que des romans sans mérite, car la grâce n'est pas et n'a jamais été chez ce peuple actuel de la Chine, mêlé de Kalmouks et de Tartares, et qui offre, même en ce point encore, une nouvelle analogie avec l'Égypte.

En vérité, une telle indifférence pour de pareils trésors ne peut se concevoir. Il convient à la France, centre des arts et de la gloire, de ne pas se laisser encore ici, *comme elle l'a été pour le Samscrit*, devancer par l'Allemagne studieuse. Il convient de ne pas consacrer tous les fonds et toutes les veilles seulement aux *Livres des Arabes*. C'est notre vœu le plus ardent, et c'est pour en hâter l'accomplissement, que nous allons enfin terminer ce Mémoire, en donnant dans une seconde partie, l'esquisse rapide des principales découvertes que nous ont suggérées ces livres précieux, jusqu'à ce jour si négligés.

Ch^er^. DE PARAVEY.

Paris, juillet 1834, et janvier, mars 1835.

www.ingramcontent.com/pod-product-compliance
Lightning Source LLC
LaVergne TN
LVHW010008230826
846092LV00002B/714